TRAITÉ

DE

L'ARACHIDE.

TRAITÉ

DE

L'ARACHIDE,

OU

PISTACHE DE TERRE ;

Contenant la description, la culture et les usages de cette plante ; avec des Observations générales sur plusieurs sujets.

PAR M. C. S. SONNINI.

A PARIS,

CHEZ D. COLAS, IMPRIMEUR-LIBRAIRE,
Rue du Vieux-Colombier, N° 26, faub. St.-Germain ;

Et LENORMANT, Libraire. rue des Prêtres-St.-Germain-
l'Auxerrois, N° 17.

ANNÉE 1808.

AVANT-PROPOS.

Quelques années se sont à peine écou-
lées depuis que l'*Arachide* ou *Pistache
de terre* a été introduite en Europe, et
déjà elle a été le sujet d'un grand nombre d'écrits, dans lesquels les règles de
sa culture et les avantages de ses produits ont été plus ou moins développés.
Si, d'un côté, cette abondance, ou si
l'on veut, cette profusion de notes et
de mémoires, insérés dans plusieurs
ouvrages périodiques ou publiés séparé-
ment, sont une preuve de l'impression
favorable que ce nouveau genre de culture a faite sur les esprits, aussi-bien
que du zèle et du patriotisme des agronomes, elle a mis, de l'autre, les agri-
culteurs dans quelque embarras, par la

peine de rassembler tant de fragmens épars, et par la difficulté, plus grande encore de faire un choix entr'eux, lorsqu'on n'a ni la volonté ni le tems de les lire tous. J'ai pensé qu'en me chargeant de ce soin, je rendrais quelque service aux amis de l'économie rurale, et même à notre économie publique, dont l'Arachide ne peut qu'augmenter la prospérité.

J'ai donc réuni en un seul Traité ce qu'il est important de connaître sur l'histoire, la culture et les usages de l'Arachide ou Pistache de terre ; j'y ai joint mes observations particulières, et des réflexions qui me sont propres ; enfin j'ai exposé le tout avec ordre et méthode, sans lesquels il n'y a point de clarté dans les écrits.

Il m'a paru que ce travail ne serait pas sans utilité ; et peut-être l'étendrai-

jé à d'autres espèces de cultures dont
on a encore bien plus parlé que de l'Arachide , parce qu'elles sont plus ancien-
nes , ce qui augmente l'embarras quand
on veut s'y livrer avec fruit. Il n'en est
guères qui ne m'aient occupé pendant
plusieurs années , et il est permis d'espérer quelque confiance lorsqu'on écrit
sur un art que l'on a pratiqué long-tems
avec succès , dans un tems sur-tout où
tant de gens s'érigent en maîtres de
cet art sans l'avoir jamais exercé.

Bien des gens prétendent que le style
n'est d'aucune considération dans les
ouvrages d'agriculture. Je ne partage
point cette opinion ; je pense , au contraire , qu'offrir les choses utiles sous
une forme agréable , c'est engager à les
accueillir. D'ailleurs , un auteur qui soi-
gne ses écrits fait preuve de déférence
pour ses lecteurs, de même qu'un exté-

rieur décent, mais modeste, prouve le respect envers les personnes devant lesquelles on se présente. C'est la pureté et l'élégance du style de l'abbé *Rozier*, qui ont le plus contribué au prodigieux succès de son *Cours complet d'Agriculture*, livre qui sera recherché dans tous les lieux et dans tous les tems, et que l'on ne parviendra pas plus à faire oublier que l'*Histoire naturelle* de Buffon.

TRAITÉ

DE L'ARACHIDE,

ou

PISTACHE DE TERRE.

§. Ier.

Comparaison de la Pomme-de-terre et de l'Ara-chide. — Elles ont été apportées des mêmes pays, et leur culture a été introduite en France de la même manière. — Observation générale sur les Plantes alimentaires du Nouveau-Monde.

Sı la Pomme-de-terre est le pain des pauvres, et un aliment aussi sain que savoureux pour les riches, l'Arachide procure aux uns et aux autres des objets de consommation qui, pour ne pas être de première nécessité, n'en sont pas moins d'une utilité générale, parce que nos habitudes nous en ont fait des besoins. La première, envisagée par rapport à ses usages dans l'économie domestique, **a** tout reçu de la nature ; elle est pour l'homme une nourriture toute préparée, à laquelle il ne manque que la cuisson la plus simple : la seconde exige dans ses principaux produits, le secours de nos arts, mais de nos arts les moins compliqués, les plus vulgaires et, pour ainsi dire, les plus grossiers. La Pomme-de-terre influe d'une manière remarquable sur la masse des subsistances, qu'elle augmente considérablement ; avec cette racine le citadin comme l'homme des champs, est en état de braver la disette des plantes céréales, et de conserver l'abondance au sein même de la pénurie. C'est ainsi qu'à une époque dont un frémissement involontaire accompagne le souvenir, au milieu des horreurs d'une famine organisée par des ressorts secrets, mais bien cruels, les cantons de la France où la culture de la Pomme-de-terre était anciennement pratiquée, et où les habitans, familiarisés avec ce genre de nourriture, avaient le bon esprit de s'en contenter, et de ne pas perdre leur tems à courir après un pain rare, et si mauvais que souvent les animaux même le dédaignaient, ne se sont pas du moins ressentis de la faim au milieu de toutes les sortes de privations.

Sans offrir des avantages d'une si haute importance, l'Arachide possède des propriétés d'un grand intérêt. De même que la Pomme - de - terre devient une ressource précieuse, lorsque les fléaux qui menacent les moissons viennent à les détruire ; ainsi l'huile extraite des fruits de l'Arachide remplace avantageusement celle des oliviers et des autres plantes oléagineuses, si des accidens privent de leurs récoltes. On trouve aussi dans l'Arachide des produits qui peuvent être substitués à quelques denrées que nous tirons de l'étranger ; et cette considération seule suffira sans doute pour recommander cette plante exotique, déjà naturalisée sur notre sol, grace au zèle et au patriotisme de quelques cultivateurs. Tous reconnaîtront, par le développement que je donnerai à ses diverses propriétés, qu'il existe peu de plantes qui aient autant de droits à devenir l'objet de leurs soins et de leurs travaux.

Comme la Pomme-de-terre, l'Arachide a été apportée de l'Amérique en Europe. La première est sans doute la conquête qui honore le plus la mémoire du fougueux *Walther Rawleig*, et le trésor le plus riche de tous ceux dont cet amiral anglais s'empara dans ses expéditions maritimes, qui ressemblaient bien un peu à des pirateries. Ce fut au commencement du XVIe siècle que *Rawleig* fit à sa patrie et à l'Europe le don précieux des tubercules de Pommes-de-terre. Il les avait recueillis dans le pays de *Mocosa*, auquel, en courtisan adroit, il donna le nom de *Virginie*, pour flatter la reine *Elisabeth*, qui se vantait avec beaucoup d'ostentation d'une virginité qu'elle devait encore plus à une erreur de la nature qu'à sa propre vertu.

Peu cultivée d'abord, la Pomme-de-terre fut long-tems à prendre quelque faveur en Angleterre. Elle se répandit ensuite par degrés au nord de l'Europe, et depuis un grand nombre d'années sa culture était généralement adoptée en Allemagne, en Alsace, en

Lorraine ; mais elle ne s'était point propagée dans l'intérieur de la France : on y
regardait les fruits de ce *solanum* comme
un aliment ignoble, indigne d'être présenté
aux hommes, et réservé pour les plus vils
animaux. Il ne fallait rien moins que le
courage et la persévérante ardeur de M. *Par-
mentier*, pour attaquer un préjugé si enra-
ciné, et détruire une erreur si funeste. Les
raisonnemens ne furent point les armes que
ce citoyen respectable employa dans une
lutte dont le succès devait tourner à l'avantage de l'humanité ; il savait trop combien
ils ont peu d'effet contre la mode et la pré-
vention. Mais des faits, des expériences va-
riées, et l'exemple formèrent en cette occasion toute son éloquence ; elle persuada,
elle entraîna ; les préjugés se turent : au
mépris pour une chose utile, succéda
une juste appréciation de ses avantages ;
la Pomme-de-terre, auparavant rebutée,
parut sur les tables les plus somptueuses ;
elle couvrit de vastes étendues de terrains,
et la famine disparut pour jamais du territoire français.

Notre agriculture se rappellera avec reconnaissance que c'est aussi à un Français illustre qu'elle doit l'introduction d'une culture dont les avantages sont également nombreux et incontestables, la culture de l'Arachide. Pendant son ambassade à la cour de Madrid, le sénateur *Lucien Bonaparte* fit passer des graines de cette plante à M. *Méchin*, préfet du département des Landes ; le terrain sablonneux qui y domine paraissait propre à les faire prospérer, et de-là elles ont été répandues dans les départemens voisins.

Ce n'est pas que l'Arachide ne fût déjà connue en France ; mais sa culture, si l'on peut donner ce nom aux soins que la curiosité prodigue à quelques plantes isólées, était circonscrite dans l'enceinte des jardins botaniques. Dès le commencement du siècle dernier, M. *Nissole* a donné la description de l'Arachide, d'après la plante qu'il a observée dans le jardin royal de Montpellier : sa description est insérée dans les *Mémoires de l'Académie dès Sciences*, année 1723. Mais les plantes qui furent le sujet de ses observations , périrent bientôt (1). Cependant des soins mieux entendus firent prospérer l'Arachide dans le même jardin, l'y fixèrent, et donnèrent, vers l'an 1770, les moyens de l'y cultiver en pleine terre ; mais à la vérité, dit l'abbé *Rozier,* dans une exposition chaude (2). Ces essais, aussi bien que quelques autres du même genre, ne sont, comme l'on sait , d'aucun poids en économie rurale; et la vraie culture de l'Arachide en France, la culture en grand , n'existe réellement que depuis quelques années , à l'époque où l'ambassadeur *Lucien Bonaparte* en envoya les graines d'Espagne.

Les fruits de l'Arachide se forment et mûrissent dans le sol même, comme ceux de la Pomme-de-terre. Je ferai, à ce sujet, une remarque générale qui, je crois, a échappé jus-

---

(1) « J'ai donné la description de l'*Arachinoides*, et j'en ai
» fait dessiner la figure d'après les plantes de cette espèce qui ont
» été cultivées dans le jardin royal de cette ville (Montpellier) ;
» mais comme on n'a pas pu les y conserver long-tems, je n'ai
» point eu occasion d'en examiner les vertus et les usages. »

NISSOLLE , *Mém. de l'Acad. des Sciences* , année 1723.

(2) *Observations sur la Physique* , sur *l'Histoire naturelle et sur les Arts ;* tome I, page 156.

qu'à ce jour aux observateurs, et qui nous fournit une nouvelle occasion d'admirer la Providence dans la distribution des plantes qu'elle a destinées à la nourriture des hommes. Si nous portons nos regards sur cette partie du globe à laquelle on donne le nom de *Nouveau-Monde*, désignation qui lui convient peut-être encore plus à cause de sa formation et de sa population récentes, qu'à raison de la découverte que l'on en a faite dans des tems modernes, nous y reconnaîtrons, principalement dans les contrées méridionales, tous les signes du premier âge de la terre. Les eaux la couvrent en grande partie ; de grands lacs, une multitude d'amas moins considérables d'eaux stagnantes, sont épars sur sa surface ; de vastes espaces de nature ambiguë, sur lesquels on ne peut ni marcher, ni naviguer, qui ne sont, à proprement parler, ni terre, ni eau, quoiqu'ils se composent de terre et d'eau, d'immenses savanes noyées y laissent échapper du sein d'une végétation fangeuse et inutile, des exhalaisons qui leur sont bientôt rendues en pluies ; une quantité innombrable de ruis-

seaux, de criques s'y promènent en tous
sens, s'y croisent, s'y confondent pour gros-
sir des rivières très-rapprochées les unes des
autres et des fleuves, les plus larges du monde,
interrompus par des masses énormes de
rochers qu'ils franchissent avec un vacarme
épouvantable, inondant des terrains immenses dans leurs débordemens périodiques et
de longue durée, enfin trop bizarres, trop
impétueux, trop gigantesques dans leurs
cours pour être majestueux. L'empire de ces
contrées se partage entre la terre et l'eau,
et il est difficile de décider lequel de ces
deux élémens y domine. De cette constitution du sol, naît une humidité constante,
dont l'atmosphère est généralement impré-
gnée; l'on y voit fréquemment s'amonce-
ler d'épais nuages d'où part la foudre en
éclats qui retentissent d'une manière ef-
frayante entre les montagnes et dans d'é-
paisses forêts; des pluies, dont nos pluies
d'orages peuvent à peine donner une idée,
semblent menacer la terre d'un envahisse-
ment total par les eaux; des ouragans y dé-
ploient souvent toutes leurs fureurs, et des

secousses répétées de tremblemens de terre
ajoutent aux horreurs de ces terribles météores.

Au milieu de ce désordre, de cette con-
fusion des élémens, que deviendraient, au
midi de l'Amérique, où la nature que l'homme n'a encore contrariée ou contrainte que
faiblement, développe toute sa vigueur dans
ses opérations et même dans ses écarts; où
tout, jusqu'à la végétation, est excessif; que
deviendraient nos blés, nos orges, nos avoi-
nes, s'ils pouvaient y croître? Leurs tiges
grêles et sans force seraient bientôt enlevées
par les inondations, couchées par la violence
des vents, ou écrasées sous le poids des on-
dées qui se précipitent en torrens des écluses
du ciel, enfin anéanties avec tout espoir de
récoltes.

La face de cette partie du globe changera,
sans doute, avec le tems; la sorte d'impétuosité de la jeunesse de la nature se ralen-
tira; la fougue des météores se calmera, et
les scènes effroyables qu'elle produit cesse-
ront d'épouvanter les hommes; les élémens
ne se livreront plus de combats désastreux;

le cours et la succession des saisons pren-
dront une égale régularité ; les plus hautes
et les plus nombreuses futaies de l'Univers,
abattues ou éclaircies, ne retiendront plus
de grosses nuées, impatientes de se débarrasser du poids qui les presse ; les eaux cou-
rantes seront contenues ou dirigées, et les
eaux stagnantes forcées de s'écouler, aban-
dônneront des terrains qu'elles rendaient inutiles et pernicieux ; un sol trop humide se
desséchera ; des habitations, des édifices
s'élèveront dans des lieux à présent déserts
et sauvages ; la culture s'emparera de terres
livrées à une végétation désordonnée, et
l'Amérique australe, neuve pour la culture,
et brillante des dons et des faveurs de la nature, surpassera en richesses l'ancien monde,
qu'une longue succession des travaux des
hommes use nécessairement et entraîne vers
la décrépitude.

Mais en attendant une révolution qui déjà
est commencée, et qu'un petit nombre de
siècles complétera, révolution dont l'homme
peut s'énorgueillir, puisqu'elle atteste sa
puissance et son droit sur la nature, celle-

ci, toujours grande, toujours majestueuse
dans sa marche, que nos tentatives pour la
modifier ou la ralentir, ne peuvent arrêter,
a dû pourvoir à l'existence des peuplades
éparses sur le continent de l'Amérique, et
elle l'a fait d'une manière admirable. Il était
nécessaire que les productions de la terre,
destinées à nourrir les hommes, fussent à
l'abri des intempéries, ou pour mieux dire,
des violences de l'atmosphère, et la terre les
cache et les conserve toutes dans son sein.
C'est ainsi que le Manioc (*Jatropha ma-
nihot* Lin.) fournit dans les contrées chaudes du Nouveau-Monde, par la fécule que
donne sa racine, l'aliment le plus général,
le pain des Américains. C'est ainsi qu'ils
trouvent une nourriture saine et agréable
dans les tubercules de la Patate et de la
Pomme-de-terre, aussi bien que dans les
racines alongées de l'Igname (3). C'est ainsi

---

(3) Cette espèce d'*igname* est celle que *Linnæus* a nommée
dioscorea alata, igname ailée. Je sais que l'on croit assez généralement que c'est une plante indigène des Indes orientales, apportée
en Amérique ; cependant cette origine n'est rien moins que prou-
vée, et j'ai tout lieu de penser que c'est une conjecture sans fon-

enfin que l'Arachide, dont les fruits rentrent dans la classe des substances alimentaires, semble craindre de les confier à l'atmosphère, et par une végétation très-extraordinaire, que je décrirai bientôt, s'empresse de les enfouir, quoique par leur nature ils ne soient point des appendices de la racine, et qu'ils paraissent se former au bout des branches.

Cet acte de précaution, dans une plante telle que l'Arachide, est une véritable anomalie ; il nous révèle l'importance que la nature attache à ses produits, puisqu'elle prend, pour leur conservation, les mêmes soins qu'elle donne à ceux auxquels l'existence de la population d'une vaste étendue de pays, est essentiellement attachée. Mais cet excès d'une admirable prévoyance a, pour ainsi dire, forcé le naturel de l'Arachide ; et qui sait si à la suite d'une longue culture, établie et propagée dans nos climats, cette plante, n'ayant plus à redouter les terribles météores qui la menacent dans

dement, depuis que j'ai vu des *ignames* dans les plantations de quelques peuplades de Sauvages qui habitent l'intérieur de la Guiane française.

son pays natal , ne reprendrait pas la même manière de végéter que celle des plantes dont elle est rapprochée , et ne produirait pas ses fruits sur les branches comme ses fleurs ? Quoique privées de la faculté locomotrice , c'est-à-dire , de la puissance de se mouvoir d'un lieu à un autre , les plantes sont évidemment douées de sensibilité , et il est impossible de concevoir la sensibilité sans y joindre l'idée d'une végétation animée , d'une sorte de vie , très-faible sans doute , mais enfin réelle et incontestable ; et si je me sers d'un terme plus particuliérement consacré à l'existence des animaux , c'est que je n'en connais point d'autre qui puisse mieux exprimer ma pensée , ainsi que la vraie nature des plantes.

Ce changement dans la végétation de l'Arachide , qui ne serait , au vrai , que son rétablissement dans l'ordre que suivent les plantes des genres voisins , ne serait pas plus étonnant que l'habitude contractée en Amérique par les canards sauvages et les autres oiseaux à pieds palmés , de se percher sur les branches les plus élevées des arbres les plus hauts, soit pour s'y reposer pendant le jour, soit pour y passer la nuit, quoique dans notre Europe ces oiseaux purement aquatiques ne se perchent jamais. La nécessité de se préserver de la dent des bêtes féroces et de la voracité des serpens et des couleuvres, les a contraints de se poser sur les arbres, de même que les oiseaux de proie ; et cependant leurs pieds formés en nageoires, ne sont point propres à saisir les branches et à s'y maintenir.

Si une semblable variation d'habitude pouvait avoir lieu dans l'Arachide, naturalisée dans nos contrées, cette plante perdrait un de ses avantages. En effet, quoique nos climats ne soient point troublés par ces fréquentes commotions qui agitent avec tant de véhémence les airs et les eaux en Amérique, nos récoltes ne laissent pas d'être exposées à des fléaux désastreux. Tantôt la grêle anéantit nos espérances, tantôt la sécheresse tarit la source de la végétation, tantôt la guerre vient ravager les campagnes; c'est alors que l'on sent tout le prix des plantes à racines nourrissantes, et que la population s'applaudit d'avoir consacré à leur culture une partie de son territoire. Sous leurs tiges et leurs feuilles brisées par la grêle, desséchées par l'ardeur d'un ciel brûlant, ou foulées aux pieds des hommes et des chevaux, reposent des tubercules frais et intacts, ressources inappréciables dans ces malheurs, et devant lesquelles s'arrêtent le besoin et la famine.

§. II.

Genre botanique de l'Arachide. — Ses espèces. — Leurs descriptions. — Explication des planches. — Différence entre l'Arachide d'Asie et celle d'Amérique ou d'Afrique. — La première n'est point la Glycine souterraine.

Le genre de l'Arachide a été rangé par Linnæus dans sa 17ᵉ classe *diadelphie décandrie*, qui comprend les plantes dont les fleurs ont dix étamines en deux paquets, rassemblés par des filamens. Il fait partie de la famille naturelle des *légumineuses.*

Les caractères botaniques de ce genre sont d'avoir le calice divisé en deux parties, dont la supérieure est semi-trifide, et l'inférieure lancéolée; une corolle papilionacée, presque renversée, et composée d'un étendard large, arrondi et échancré, de deux aîles ovales, plus courtes que l'étendard, et d'une carène un peu courbée et légérement bifide à sa base; dix étamines, dont les filets sont réunis dans leur partie inférieure en une gaîne membraneuse qui enveloppe le pistil, et soutiennent, à leur sommet, des anthères alternativement arrondies et oblongues ; enfin un ovaire supérieur, oblong, chargé d'un stile en alène, ayant à son extrémité un stigmate simple (1).

Il ne paraît pas que les caractères de ce genre aient été reconnus d'une manière invariable, ni même que sa place soit irrévocablement fixée. L'Arachide, selon M. *Poiteau*, n'est pas réellement monoïque, comme les botanistes l'ont dit généralement ; c'est-à-dire, que le même individu ne réunit pas des fleurs de sexe différent. Le calice est formé par un tube long et grêle, qui se dilate à son sommet : c'est au fond de ce tube, qu'on a regardé comme un pédicelle, que se trouve l'ovaire. Cet ovaire est porté sur un stipe ou pédicelle, qui s'alonge considérablement après la floraison (2). D'un autre

_____

(1) De Lamark, *Dictionnaire de Botanique*, dans l'*Encyclopédie méthodique*, article ARACHIDE A QUATRE FEUILLES.

(2) Observations botaniques faites à Saint-Domingue, par M. *Poiteau*; bulletin de la Société Philomatique; N° 66, p. 135.

côté, M. le docteur *Michel Tenore*, directeur du jardin botanique de Naples, dans un Mémoire lu à la société royale physico-économique de cette même ville, prouve que l'Arachide doit être comprise dans la classe *polygamie* et dans l'ordre *diœcie* de *Linnæus* (3). Je fais mention de ces remarques qui n'offrent de l'intérêt qu'aux yeux des botanistes de profession, parce que dans un traité on ne doit rien omettre de ce qui a rapport à l'objet qui en fait la matière. Mais les discussions de cette nature ne peuvent entrer dans un ouvrage particuliérement consacré à l'économie rurale et domestique, que comme des accessoires auxquels je ne dois pas m'arrêter long-tems.

La plupart des botanistes et même des écrivains d'agriculture, qui ont parlé de l'Arachide, n'en reconnaissent qu'une seule

____

(3) « *Carácter essentialis genericus, classis polygamia,* » *ordo diœcia : flos hermaphroditus. Corolla resupinata. Germen reconditum, post anthesin pedunculo reflexo suffultum,* » *terræ fructificans. Legumen coriaceum evalve.*

» *Flos mas. Germen nullum. Cetera ut in hermaphrodito.* » Tenore, *Memoria sull' Arachide*, Giornale enciclopedico di Napoli, secondo anno, N° 4, pag. 37.

espèce. De nouvelles observations ne permettent plus de douter qu'il n'existe, dans ce genre de plantes deux espèces bien distinctes, celle d'*Asie* et celle d'*Amérique* ou d'*Afrique ;* car l'on n'est pas encore d'accord sur la partie du globe, d'où cette seconde espèce est originaire.

Quoique l'*Arachide asiatique* soit très-répandue dans les contrées méridionales de l'Asie, *Rumph* est le seul auteur qui ait publié une description et une figure exactes de cette plante (4). La planche Ire contient le dessin de cette espèce, dont je vais rapporter ou plutôt abréger la description, après en avoir séparé la synonymie qui a été confondue par les auteurs avec celle qui appartient uniquement à l'*Arachide américaine* (5).

---

(4) *Herbarium Amboinense*, tom. 5, part. 2, pag. 426.

(5) L'Arachide asiatique. *Chamæbalanus Japonica* Rumph. *loco suprà citato. — Senna tetraphylla, sive absi congener hirsuta maderaspatensis, folliculos sub terrá condens* Pluck., Alm. 341, tab. 60, fig. 2. — *Arachis caule procumbente..... Arachis hypogæa* Linn., *Syst. nat.*, édit. Gmelin. gen. 876, sp. 1.

« Cette plante, dit *Rumph*, ne s'élève
point au-dessus de la terre, mais elle la recouvre comme d'une épaisse chevelure, étendant
partout ses racines ; elle produit des rejetons
de la grosseur d'une plume, et qui se pro-
longent jusqu'à six pieds. Ces rejetons sont
un peu ligneux à leur partie inférieure, et il
en sort beaucoup de la même racine, qui
se répandent de tous côtés sur la terre et
se multiplient en prenant eux-mêmes racine
en d'autres places distinctes ; de sorte qu'ils
occupent une grande étendue de terrain, en
s'entrelaçant confusément ensemble. Les
feuilles sont rondes-oblongues, blanchâtres
en dessous, et entiérement couvertes en dessus d'un duvet doux et épais qui donne une
couleur blanchâtre à toute la plante ». *Rumph*
ajoute que la plante a plusieurs années de
vie, et qu'elle peut se multiplier par rejetons
ou drageons. « Il faut donc, dit-il, lorsqu'on
récolte les fruits, découvrir ceux qui ont
acquis beaucoup de dureté et une couleur
de brun-cendré. Ceux qui sont blancs ne
sont point encore mûrs, et en les laissant
dans le sol, après les avoir recouverts d'une

terre légère et douce, ils fourniront, au bout de deux ans, une nouvelle récolte (6) ». La planche Ire représente la partie de la plante qui correspond exactement à un de ces rejetons ou drageons auxquels *Rumph* donne l'épithète de *traçans*.

Cette *Arachide asiatique* n'est pas sortie de sa patrie, elle n'a point été transportée en Europe, et l'on ne sait si elle y réussirait. Celle d'*Amérique* ou d'*Afrique* y est, au contraire, cultivée avec succès, et nos agronomes ont intérêt à la bien connaître. Je vais donner sa description (7).

Racine. — Ainsi que la plupart des plantes de la même famille, et spécialement le *lupin*

---

(6) Rumph, *loco citato.*

(7) L'Arachide américaine. *Arachidna quadrifolia, villosa, flore luteo* Plum., *Nov. gen.* 49. — Ehret, *Pict.* 3. — Barrere, *Franc. équinox.*, pag. 14. — *Arachidnoïdes Americana* Nissol., *Act. Acad. Paris.*, 1723. — *Arachidna Indiæ utriusque tetraphylla* Sloan. *Jamaïc.* — *Mundubi Brasiliensibus herba* Maregr., *Hist. Bras.*, lib. 1, cap. 17, pag. 37. — *Quadrifolium Americanum, fructus subterraneus, flore luteo* Surian. *Insign. et rar. plant.* — *Arachis caule erecto, foliis ternatis.......* *Arachis aprica* Linn., *Syst. nat.*, édit. Gmelin, gen. 876, sp. 2, etc., etc.

dont elle se rapproche le plus, l'Arachide a la racine fusiforme ou pivotante, qui s'enfonce de plusieurs pouces en terre, et qui est très-barbue. Quelquefois elle est contournée en S, et pénètre horizontalement dans le sol à la profondeur de 7 à 8 pouces.

Tige. — MM. *Nissolio* et *Lamarck* ont décrit la tige de l'Arachide comme couchée, peut-être parce qu'ils en ont considéré quelques ramifications, ou qu'ils ont confondu cette espèce, à cet égard, avec l'espèce asiatique dont la tige s'étend sur la terre ; mais la tige de celle-ci s'élève de 20 à 30 pouces. Dans l'origine elle est droite et simple, ensuite elle se ramifie, et tous ses rameaux acquièrent à peu près une égale grosseur : sa moitié inférieure est arrondie, et la supérieure a une forme carrée. A la naissance de chaque stipule elle porte un nœud ou une articulation ; sa couleur est de rouille foncée depuis sa base jusqu'à la moitié de sa longueur, c'est-à-dire, sur la partie la plus vieille, d'un vert-tendre et légérement velue sur le reste.

Feuilles.—Les feuilles sont alternes, ailées, sans impaires, composées de deux paires de folioles, disposées dans la partie supérieure d'un pétiole commun. De ces deux paires qui composent chaque feuille, l'une est terminale, et l'autre est située au-dessous et à une petite distance de la première. Quelquefois il n'y a qu'une seule paire de folioles, spécialement dans les feuilles plus inférieures et radicales.

Ces folioles sont ovato-cunéiformes ou ovales à leur sommet et formées en coin à leur base ; elles se terminent en pointe ; elles ont beaucoup de nervures parallèles et un peu de duvet en dessous ; elles sont lisses et d'un vert-tendre en dessus. Le soir elles se rapprochent par le plan supérieur et deviennent perpendiculaires au pétiole commun.

Ce pétiole commun est long de deux pouces environ, et cannelé ; il se joint par un nœud à la tige, dont il a la couleur. Les petits pétioles qui soutiennent les folioles sont longs d'environ deux lignes et ont une teinte de brun-violet foncé.

Stipules.—Chaque feuille de l'Arachide, à l'insertion du pétiole commun dans la tige, est munie d'une paire de stipules lancéolées. On sait que les stipules sont de petites feuilles accessoires, et en quelque sorte protectrices, qui naissent à la base de la feuille principale. M. *Loureiro* (8) tire de la différence de ces stipules la distinction entre les deux espèces d'Arachide, en ce que l'une les a bifides et l'autre entières. Mais M. *Willdenow* (9) assure les avoir trouvées indivises dans les deux espèces. Ce qu'il y a de certain, c'est qu'elles le sont toujours dans l'espèce que l'on cultive en Europe.

Fleurs. — Aux aisselles des feuilles naissent les fleurs réunies par bouquets de trois à six, et soutenues par de petits pédoncules de la longueur d'un pouce environ. Celles qui ne sont pas dans les aisselles des feuilles supérieures, sont toutes mâles ; celles des feuilles inférieures sont les unes mâles et les

---

(8) *Flora Cochinchinensis*, p. 522.

(9) *Species plantarum*, p. 1021.

autres hermaphrodites ; le calice est bilabié ; la lèvre supérieure tridentée , et l'inférieure entière, concave et aiguë ; la corolle est papilionacée , renversée , de couleur jaune ; l'étendard est presque rond et sans bords ; les aîles sont ovales, plus courtes que l'étendard ; la carène est de la longueur des aîles. Les étamines ne sont pas toujours au nombre de dix ; souvent on n'en trouve que huit : leurs filamens, réunis en un seul faisceau , sont l'un court et l'autre long alternativement , munis d'anthères , alternativement ovales et globuleuses. Ce caractère rapproche toujours davantage l'Arachide du *Lupin*. Le pédoncule, comme dans l'*Onagre* (*œnothera biennis*), est ouvert et accompagné par le pistil , dont le germe se confond avec l'intérieur de la base du petit pédoncule même , inséré dans l'aisselle de la tige ; le style parcourt toute la longueur du pédoncule et le faisceau des étamines , et il se montre avec un simple stigmate près des anthères.

L'ovaire manque dans les fleurs mâles , et il n'y a qu'un pistil. Après la fécondation , ces fleurs périssent et disparaissent avec les pédoncules; les fleurs hermaphrodites périssent également; mais de la base de leur pédoncule qui correspond à l'ovaire, on voit poindre une petite corne de la grosseur de la pointe d'une épingle aiguë, et qui presqu'aussitôt se recourbe vers la terre; alors elle commence à s'alonger rapidement, et dans cinq jours, conservant sa même grosseur et sa même pointe aiguë, quelle que soit la distance de la terre, elle y touche à la fin, acquérant quelquefois jusqu'à quatre pouces de longueur, selon qu'elle en est plus ou moins éloignée. Malgré tout ce développement, la corne qui l'a acquis, est bien loin d'être un fruit, et en l'observant avec une lentille, après l'avoir ouverte, on n'y reconnaît aucune trace de fructification. Mais voici ce qu'il y a de surprenant : l'extrémité aiguë de cette pointe parvient à peine à toucher la terre et à s'y enfoncer de quelques lignes, qu'aussitôt elle commence à se gonfler; à mesure qu'elle se gonfle elle s'enfonce davantage, et parvenue en peu de jours à la profondeur de 2 à 4 pouces, elle offre ensevelie une gousse longue d'environ un pouce, presque cylindrique, de substance coriacée et remplie de deux ou trois semences de la grosseur d'une petite aveline.

L'Arachide est donc une plante hypocarpogée, c'est-à-dire, qui a la propriété d'introduire ses fruits en terre; mais ce qu'elle a de singulier, et ce qui la distingue du *ciclamen*, du *trèfle enterré (trifolium subterraneum)*, et des autres plantes dont les fruits se forment sous terre, c'est que ces plantes, après la fécondation, offrent déjà une ébauche de fruit qui se perfectionne dans la terre, tandis que l'Arachide, avant d'y enfoncer ses pédoncules, ne présente aucune trace visible de fructification. Ce qu'il y a encore de remarquable, c'est l'alongement considérable dont les pointes des pédoncules fructifères sont capables. Sous ce point de vue, la fructification de l'Arachide offre un beau trait d'analogie avec la fructification des mousses. Il est reconnu par les botanistes que les fleurs des mousses sont ensevelies entre leurs petits feuillets, et que l'ovaire, après s'être fécondé, soutenu par un pédoncule qui s'alonge rapidement, parvient à s'élever jusqu'à deux pouces (10).

On donne généralement le nom de *légume* au fruit de l'Arachide, quoiqu'il se rapproche beaucoup de la noix ; il ne s'ouvre jamais spontanément comme il arrive dans les véritables légumes ; mais il offre à sa pointe une espèce de petite fente qu'on est obligé de forcer pour en faire l'ouverture, et ensuite il faut déchirer tout le reste de la gousse pour en retirer les semences. Cette gousse est plus large à la base qu'au sommet, et elle se termine par une pointe courbe en forme de bec crochu : elle renferme, pour l'ordinaire, deux ou trois graines obliquement tronquées sur un côté, arrondies et plus étroites de l'autre, de la grosseur du petit doigt, enveloppées d'une pellicule de couleur de

---

(10) *Voyez*, au sujet de la fructification de l'Arachide, le *Recueil de Mémoires, Instructions, Observations, Expériences et Essais sur l'Arachide*, imprimé en l'an X, à Mont-de-Marsan, chez *Delaroy*, par ordre du Préfet du département des Landes ; et de fort bonnes *Observations* de M. *L. C. A. Fremont* (du Calvados), insérées dans la *Bibliothèque physico-économique*, année 1805, tom. I, page 145.

chair : leur substance est blanche, farineuse et oléagineuse.

J'ai dit que la planche première représentait l'*Arachide asiatique*, telle que *Rumph* nous l'a transmise. Dans la seconde planche, outre la figure de l'Arachide cultivée en Afrique, en Amérique et en Europe, se trouvent tous les détails de sa fructification. Ce sont ceux que M. le docteur *Tenore* a joints à son mémoire dont j'ai déjà fait mention, et qui contient d'excellentes observations sur l'Arachide. Voici l'explication de cette seconde planche :

A, la racine.

B, le chevelu.

C, le caudex.

D, *D*, *D*, les rameaux.

E, *E*, *E*, les feuilles.

F, *F*, *F*, les stipules.

C, la fleur.

H, *H*, les pédoncules.

I, *I*, les pédoncules fructifères.

1, Fleur non encore ouverte.

2, Fleur ouverte, avec un faisceau de fleurs au milieu des bractées.

5 , Faisceau de bractées.

4 , Le calice.

5 , L'étendard.

6 , 7 , Les aîles.

8 , La carène.

9 , Paquet d'étamines.

10 , Le même , un peu grossi.

11 , Le même, coupé en deux.

12 , Les étamines.

13 , Le pistil sortant du pédoncule.

14 , Faisceau de bractées , avec le pédoncule peu à peu recourbé.

15 , Le pédoncule fructifère.

16 , Le même , plus alongé.

17 , Le même , prêt à toucher la terre.

18 , Le même , tiré de terre.

19 , L'ovaire coupé et un peu grossi.

20 , Le légume.

21 , Le même , partagé.

22 , Les semences.

Si l'on compare les descriptions de l'*Arachide d'Asie* et de l'*Arachide d'Amérique*,
l'on y reconnaîtra aisément des dissemblances
qui caractérisent évidemment des espèces
distinctes et séparées.

La première de ces plantes a au moins deux ans de vie, et elle se reproduit d'elle-même par ses racines, ou par l'art, en plantant ses drageons, tandis que la seconde est annuelle et qu'elle ne peut se multiplier autrement que par les semences. En outre, les feuilles sont ovales-oblongues dans l'*Arachide asiatique*, et dans *l'américaine* leur forme est ovale-cunéiforme; les premières sont grisâtres sur leur plan inférieur, et les secondes velues. Dans l'*Arachide américaine*, la tige est droite, rameuse, dépourvue de toute sorte de drageons ou rejetons, et elle n'a point de duvet épais, ni la couleur blanchâtre que *Rumph* indique dans l'*Arachide asiatique*. Ce sont donc des plantes que leur port, et quelques autres attributs, ne permettent plus de confondre en une seule et même espèce; mais quoique réellement différentes entr'elles, par leurs caractères extérieurs, elles paraissent posséder les mêmes propriétés.

Un grand nombre des caractères de l'*Arachide asiatique* conviennent à la *glycine souterraine* (*glycine subterranea*), autre plante hypocarpogée, indigène de l'Afrique.

« Mais, dit M. *Tenore*, il ne pourra venir à l'esprit de personne que *Rumph* a entendu parler de celle-ci, quand il a décrit l'*Arachide asiatique*, parce que ces deux plantes diffèrent dans tout le reste ; et il suffira d'en consulter les descriptions pour en demeurer pleinement convaincu. »

§. III.

Pays où l'Arachide est indigène. — Raisons qui font croire que l'espèce cultivée en Europe, est également originaire d'Afrique et d'Amérique. —C'est une plante chère aux Nègres esclaves. — Contrées où sa culture est répandue. — Ses noms.—Effets des dénominations vulgaires.— Influence des noms sur l'esprit des hommes. — Signification du mot Arachis.*—L'Arachide n'est pas l'*Arachidna *de Théophraste.*

Le Japon, la Chine, et particuliérement le Macassar, paraissent être les lieux où l'Arachide asiatique a pris naissance ; c'est de là que les Chinois l'ont apportée à Batavia, à Amboine, et dans plusieurs contrées des Indes (1). Lord *Macartney*, ou plutôt le rédacteur de son voyage, fait mention de l'Arachide dans la liste des plantes des provinces de Kiang-sée et de Quan-tong (2) ;

---

(1) Rumph, *Herbarium Amboinense*, tom. V, part. 2, p. 427.

(2) *Voyage dans l'intérieur de la Chine*, tome IV, page 85.

et *Loureiro* la place au nombre de celles de la Cochinchine (3).

Il existe encore quelque incertitude au sujet du vrai pays natal de la seconde espèce. Les uns veulent qu'elle soit originaire d'Afrique, et les autres prétendent que c'est une production naturelle à l'Amérique. L'une et l'autre opinion me paraissent également vraies, et je ne doute pas que l'Arachide ne croisse naturellement et en Afrique et en Amérique, de même qu'elle s'y trouve cultivée. Les noms que cette plante a reçus dans la langue des Aborigènes des contrées méridionales du Nouveau-Monde, prouvent incontestablement qu'elle est naturelle au sol de ces mêmes contrées ; mais elle l'est aussi aux terres de l'Afrique ; et comme ce sentiment a été contesté dans ces derniers tems, je développerai les motifs qui m'ont déterminé à l'adopter.

Tous les voyageurs qui ont parcouru l'Afrique, et qui ont dirigé leurs observations vers l'agriculture et l'histoire naturelle, font

____

(3) *Flora Cochinchinensis*, page 522.

mention de l'arachide. Cette plante est cultivée au pays de Bambouk, dans la plaine de Natakan qu'arrosent le Corario-d'Oro, et plusieurs ruisseaux qui la rendent très-fertile (4); sur l'excellent sol de Sierra-Léone (5). Cette culture de l'Arachide, généralement adoptée par les nègres de l'Afrique, démontre, à mon avis, que cette plante est indigène de leurs contrées. En effet, l'on ne peut soupçonner que ses semences aient été apportées par les Européens des comptoirs et des autres établissemens de la côte africaine, puisqu'ils ne l'y cultivent pas eux-mêmes. Pour peu que l'on connaisse le caractère et les goûts des nègres qui, malgré leur très-ancienne fréquentation avec les nations civilisées, sont fort éloignés de tout essai, de toute expérience, de toute innovation, non-seulement en agriculture, mais en tout autre sujet; qui

---

(4) Fragmens d'un Voyage en Afrique, par M. *Golberry*, tom. I, page 440.

(5) *Idem*, *ibidem*. — *Durand*, Voyage au Sénégal, tome I, page 307.

cultivent toujours les mêmes plantes, se
nourrissent des mêmes alimens, et n'ont
changé aucune de leurs habitudes; qui, enfin,
ne voyagent point; on ne sera plus tenté de
supposer que ces mêmes nègres, si constans
dans leurs coutumes et dans leur genre de
vie très-voisin de l'état sauvage, aient tiré
de l'Amérique les fruits de l'Arachide, ou
soient allés les y chercher. S'il fallait des pré-
somptions plus fortes et plus directes, on les
trouverait dans les soins que les nègres enle-
vés à leur pays, donnent à la culture de cette
plante, dans la satisfaction qu'ils éprouvent
à s'en occuper, dans le goût qu'ils ont pour
ses produits, dans la crainte où ils sont qu'on
ne les leur ravisse, enfin, dans les précautions
qu'ils prennent pour la conserver (6). L'espèce d'affection qu'ils montrent pour l'Arachide, indique l'habitude de la voir, de s'en
nourrir dès leur enfance; elle leur rappelle

---

(6) Quelques observateurs anglais rapportent que les Nègres
esclaves, dans plusieurs cantons de l'Amérique du nord, gardent
entr'eux le secret de la fructification de l'Arachide, pour s'en conserver les fruits à l'insçu de leurs maîtres. *Voyez* Miller, *Dictionnaire des Jardiniers*, article *Arachis*.

la patrie d'où ils ont été arrachés pour
toujours, leur famille, leurs amis, auprès
desquels ils passaient d'heureux instans, dans
les repas les plus simples, dont la nature
faisait tous les frais, et où les fruits de l'Arachide grillés n'étaient point oubliés. Pour
des hommes malheureux à l'excès et doués
d'une sensibilité profonde, l'objet le moins
important en apparence, tout en retraçant
de déchirans souvenirs, devient un adoucis-
sement dans les peines, un motif de conso-
lation, le but des émotions les plus vives, le
sujet d'une sorte de culte; la douleur se tait;
l'illusion s'empare de l'imagination; on croit
revoir son pays lorsque l'on a sous la main
ce que l'on y voyait sans cesse; et cette
erreur du sentiment, qui se répète souvent,
soutient et prolonge peut-être la triste existence des noirs infortunés que la cupidité
et la violence ont entraînés sur des plages
inhospitalières et cruelles, arrosées de leurs
sueurs, de leurs larmes et de leur sang,
et jonchée de leurs chairs qu'une main barbare armée d'un instrument de supplice dont
nous n'oserions pas nous servir pour frap-

per les bêtes de somme, fait voler en lambeaux.

Si, à ces inductions qui équivalent à des preuves, l'on ajoute que dans plusieurs parties des colonies européennes, l'Arachide, dédaignée par les colons, est uniquement cultivée par les nègres, et qu'à la Guyane, où elle entrait dans la chétive agriculture des esclaves, je ne l'ai jamais rencontrée dans les plantations qui environnent les carbets des peuplades sauvages; si, d'un autre côté, l'on fait attention à un passage de Pison, qu'aucun des auteurs qui ont écrit sur l'Arachide, n'a remarqué, et dans lequel les fruits de cette plante sont clairement désignés et présentés comme apportés de l'Afrique au Brésil (7), on n'hésitera plus, je le pense, à regarder l'Arachide comme d'origine africaine. Je me suis livré avec d'autant plus de zèle à la

─────────────────────────

(7) Voici ce passage : *Inter Amenduinas* (c'est le nom que les Portugais donnent à l'Arachide), *oblongæ prestantiores, quæ duos cineritii coloris nucleos, optimi nutrimenti et palato gratos, sed flatulentos, atque ad venerem incitantes, loculamento includunt, ut merito Pistacei subterranei dicantur : ex Africâ hæ deportantur.* Hist. nat. Bras. lib. 4, cap. 4, pag. 93.

solution d'une question assez indifférente en soi, qu'elle a été le sujet d'un reproche très-prononcé que le docteur *Tenore* adresse dans le mémoire que j'ai déjà cité, à M. *Tollard* qui a positivement annoncé que l'Arachide est originaire d'Afrique (8), et j'ai cru devoir consacrer quelques lignes à la vérité, comme à la justice, à l'estime et à l'amitié.

L'Arachide d'Asie est cultivée, ainsi que je l'ai dit plus haut, dans la plus grande partie des contrées méridionales de cette immense portion du globe. La culture de la seconde espèce, répandue en Afrique, s'est propagée en Amérique, depuis le Maryland jusqu'au Chili. De l'Afrique, elle s'est introduite en Espagne où elle occupe une assez grande étendue de terrain. Le royaume de Naples, l'État de Rome, l'Italie l'ont adoptée avec succès ; et c'est depuis quelques années seulement qu'elle a été accueillie en France. Les nombreuses propriétés de cette plante, la feront admettre au rang des plantes les plus utiles de notre agriculture.

----

(8) Mémoire sur l'Arachide.

Au Japon, vraie patrie de l'Arachide asiatique, cette plante porte le nom de *katjang,*
qui signifie *fève sauvage.* Les noms chinois
thon-than, malais, *katjang-thana,* et co-
chinchinois *cay dau phung,* ont la même
signification. Les Maures d'Afrique l'ap-
pellent *curuquières,* et quelques nations
nègres *yoliques.* Elle est connue par les habitans du Brésil, sous la dénomination de
mundubi. En décrivant l'Arachide, *Pison,*
qui, de même que *Marcgrave,* rapporte
cette dénomination brasilienne, décrit, en
même tems, la *glycine souterraine* (9)
(*glycina subterranea*), parce qu'au Brésil
on cultive ensemble ces deux plantes ; mais
ils nomment la seconde *manobi.* Quelques
auteurs, confondant ces plantes tout à fait
différentes, ont placé mal à propos, suivant
la remarque fort juste de M. *Tenore,* le mot
manobi dans la synonimie de l'Arachide (10),
tandis qu'il doit être uniquement réservé
pour celle de la *glycine.* Les autres noms

____

(9) *De re naturali utriusque Indiæ,* page 256.

(10) Entre autres, M. *Bodard de la Jacopierre,* docteur en
médecine de la Faculté de Pise (*Plantes hypocarpogées,* p. 397.

américains de l'Arachide sont ceux d'*anchic*, selon *Monardès* (11), et de *juchik*, selon M. *Bodard* (12), chez les naturels du Pérou; de *mani*, parmi les Espagnols de cette contrée; de *naaquis* dans le pays des Chiquites; de *halcaca-hualt* parmi les Mexicains, et de *cacahuate* par leurs conquérans. En Europe, les Allemands nomment l'Arachide, *die unterirdische erdnuss*, *die erd- pistazie* et *die erdeichel;* les Hollandais, *indische aardeickel*, *aardaker* et *piendel;* les Danois, *jardpistacie* et *eller jardpistaka;* les Suédois, *jardpistacie;* les Anglais, *the america carth-nut*, *pindars or ground nus*, *ground-mets* et *ground-pease;* les Italiens, *pistacchio di terra;* les Portugais, *amenduinas;* enfin les Français, *noix de terre*, *pois de terre*, et plus communément, *pistache de terre.*

On remarquera, dans cette nomenclature européenne que l'Arachide y a été considérée sous le même point de vue, la figure

---

(11) Description de l'Amérique, page 60.
(12) Mémoire cité plus haut.

de ses fruits et l'endroit où ils se forment ; ils
sont partout des *pois*, des *fèves*, des *amandes*,
des *noix* , des *pistaches de terre*, parce que
par tout le vulgaire (et en fait de connais-
sances positives, il compose la masse presqu'entière des hommes) ne juge des objets
nouveaux qui se présentent, je ne dirai pas à
son examen, mais à sa vue, que d'après leurs
rapports avec d'autres objets avec lesquels il
est déjà familiarisé. Cette manière de juger,
fort éloignée sans doute de l'exactitude des
observations et de la science, a néanmoins
une sorte de règle qui la dirige, puisque ses
opérations s'accordent chez différentes nations qui ne s'étant point entendues, voient
et décident de même. C'est le premier mou-
vement d'un instinct général, auquel le rai-
sonnement n'a aucune part et dont l'application n'est pourtant pas sans justesse, et
contribue à donner une idée de la chose,
souvent plus nette que ne le pourraient faire
les dénominations scientifiques, composées
avec le plus de soin. Si les savans la dédai-
gnent, peut-être feraient-ils bien de la mé-
nager ; si c'est une erreur, c'est l'erreur du

plus grand nombre, et quels que soient l'anathême et la proscription lancés contre elle par la science, on la verra toujours subsister avec la même force, s'emparer de l'opinion de la presqu'universalité des hommes; et, semblable à un torrent dont l'impétuosité n'est point arrêtée par les corps susceptibles, en apparence, d'une résistance insurmontable, entraîner quelquefois le savant lui-même et le forcer à adopter ses lois. La pomme-de-terre, par exemple, ne conserve-t-elle pas sa dénomination vulgaire dans les ouvrages français consacrés à la botanique et à la modeste agriculture, quoique les tubercules de cette plante ne soient assurément pas des pommes? Une pareille condescendance de la part de la science a produit un très-grand bien; il en est résulté, pour l'agriculture et l'humanité, des avantages immenses. Si on se fût obstiné à présenter dans nos pays, la pomme-de-terre enveloppée, et, pour ainsi dire, déguisée sous les dénominations moitié grecques, moitié latines de *Solanum* ou de *Lycopersicon*, sa culture ne se fût point propagée avec

autant de rapidité. L'on n'a pas assez cal-
culé l'influence des noms sur l'esprit et les
actions des hommes; c'est faute de cette connaissance qui tient à celle de l'esprit humain,
que les comités de la convention nationale,
en sacrifiant au goût vraiment anti-national,
qui s'était introduit avec une sorte de débor-
dement parmi un petit nombre d'ambitieux
novateurs, ont voulu aussi parler grec aux
Français, les rebuter par des noms qui paraissent barbares parce qu'ils ne sont pas
compris, et préparer de grands obstacles
à l'exécution d'une mesure depuis long-tems
desirée et attendue, l'uniformité des poids
et mesures. Qui sait si la culture de l'Arachide
n'eût pas été plus tôt et plus généralement
accueillie en France, si, au lieu d'une dénomination étrangère à notre langue, on eût
employé celle de *pistache de terre*, désignation *vulgaire*, comme disent les savans,
mais du moins française, et offrant à l'esprit
l'idée et l'utilité de la plante, quoique dans
le réel, ses fruits ne soient pas plus des pistaches que les tubercules de la pomme-de-
terre ne sont des pommes ?

Le mot *arrachis* est aussi tiré du grec, et *Linnæus* l'a appliqué à la plante dont je m'occupe, à cause de la ressemblance de ses fruits avec une espèce de *pois* qui portait, chez les Grecs, le nom d'*arakos*. L'épithète spécifique *hypogœa*, ajoutée par le naturaliste suédois, a rapport à la fructification de l'*Arachide;* c'est un autre mot grec qui signifie *souterraine*. Théophraste et les autres historiens des plantes, de l'antiquité, ont fait mention de plusieurs espèces sous le nom d'*arachidna;* mais aucune ne peut être rapportée à l'Arachide, et c'est à tort que le P. *Plumier* lui a appliqué cette dénomination (13).

---

(13) Plantes d'Amérique, gen. 49.

§. IV.

Contrées de l'Europe où l'Arachide est cultivée.— Celles où l'on peut espérer de la naturaliser.— Elle n'est point un objet de grande culture en Angleterre.—Terrains qui lui sont propres.— Semis. — Culture.—Récolte.—Moyens de conserver les fruits.

ORIGINAIRE des climats chauds des trois parties du monde, il était tout naturel de penser que l'Arachide s'accommoderait de la température des pays méridionaux de la troisième. L'Espagne, qui, outre les rapports de voisinage, en a de plus d'une espèce avec l'Afrique, a été la première contrée européenne qui ait adopté la culture de cette plante; elle est particuliérement répandue dans le royaume de Valence où elle a beaucoup de succès. Les royaumes de Naples et d'Italie, l'État Romain, commencent à s'applaudir de se l'être appropriée, et nos départemens des Landes et de l'Hérault en ont enrichi leur agriculture. J'en ai fait moi-même un heureux essai, à la vérité en petit, à Vienne, département de l'Isère; plusieurs plants d'Arachide, placés dans un jardin, y ont parfaitement réussi et m'ont fourni une bonne quantité de fruits ou graines, que j'ai distribués, de même que les semences de plusieurs autres espèces de plantes utiles qui n'étaient point connues dans ces cantons et que j'y ai apportées et cultivées pendant deux ans que j'y ai passés. Je citerai entr'autres le joli *maïs quarantain* qui y prospère à merveille.

Plus au nord, l'Arachide n'a pas encore eu de succès en France. Les essais de grande culture que l'on en a faits, ces années dernières, aux environs de Paris, n'ont pas été d'un assez grand produit pour que l'on ait été tenté de les renouveler. Ce n'est cependant qu'avec de la persévérance que l'on peut espérer de parvenir à acclimater sur notre sol les plantes exotiques. L'acquisition de celle-ci est certaine, si on ne l'expose pas trop brusquement à de longs voyages, et si on l'habitue au contraire à s'avancer par degrés et à pas lents mais

sûrs. En la propageant ainsi successivement, elle acquerra une constitution assez
robuste pour ne plus souffrir de l'incons-
tance des saisons, d'une température moins
chaude et même des froids qui se font sentir au printems et à l'automne dans les parties septentrionales de l'Empire ; elle s'y
fixera, et de proche en proche, elle pourra
même s'accoutumer dans les pays plus sep-
tentrionaux, et s'y montrer comme une ressource précieuse pour l'économie rurale et
domestique. C'est ainsi que des plantes utiles
ou agréables qui naissent sur une terre constamment échauffée ont été naturalisées dans
nos climats.

Il est aisé de juger, d'après ce qui pré-
cède, que l'Arachide encore trop sensible au
froid, n'a pu jusqu'à présent être un objet
de grande culture pour l'Angleterre. Ce n'est
qu'avec le tems et par les précautions indi-
quées, qu'elle parviendra à figurer dans l'a-
griculture des îles britanniques. *Miller* dit
positivement qu'elle n'y réussit point en
plein air, et qu'on doit répandre au printems ses semences sur une couche chaude ,

et tenir constamment sous des vitraux les plants qui en proviennent jusqu'au milieu ou à la fin du mois de Juin, époque où on les accoutume par degrés à supporter le plein air si la saison est favorable (1). L'Arachide n'est donc en Angleterre qu'un objet de curiosité, qu'une culture de luxe, qui n'est jamais sortie des enclos de l'opulence, et ne s'est jamais répandue dans les campagnes. M. *Tenore*, qui assure que, dès 1774, l'Arachide se cultivait en grand en Angleterre (2), s'est trompé sur le sens d'une lettre adressée par M. *William Watson* à la Société royale de Londres. En effet, dans cette lettre, M. *Watson* annonce à la Société que c'est de la Caroline que les graines d'Arachide dont il a fait exprimer l'huile en Angleterre, lui avaient été envoyées.

Tous les terrains ne sont point propres à la culture de l'Arachide ; ceux qui sont compactes, tenaces et argileux, et ceux que les cultivateurs comprennent généralement sous

______

(1) Dictionnaire des Jardiniers, tome I, page 304.

(2) Mémoire sur l'Arachide.

la dénomination de *terres fortes*, ne lui conviennent pas. Elle demande une terre légère, même sablonneuse, néanmoins substantielle et parfaitement divisée, pour que sa gousse puisse facilement s'y enfoncer et y acquérir sa maturité; mais il faut aussi que cette terre ait quelqu'humidité, soit naturellement, soit par des arrosemens ou des irrigations, sans cependant devenir aquatique. C'est peut-être faute d'avoir fait attention à cette dernière qualité du sol, que la culture de l'Arachide n'a pas récompensé aussi généreusement que l'on était fondé à l'espérer, les peines et les travaux des cultivateurs de plusieurs cantons du midi de la France, où l'on avait cru qu'un terrain sec, pourvu qu'il fût léger, chaud et sablonneux, convenait à cette culture. Si, comme je le pense, il en était ainsi, la cause du peu de succès dans des essais mal dirigés étant connue, devient un motif pour s'y livrer de nouveau avec plus de courage et de précaution, loin d'être un sujet de découragement. Un zélé partisan de la culture de l'Arachide, dans le département des Landes, m'engageait, il y a

quatre ans , à en publier tous les avantages
et à la recommander aux habitans des campagnes. Une partie de la récolte de l'année
précédente avait manqué, et le dégoût s'était
emparé des cultivateurs, de sorte qu'il ne
restait plus que les agronomes éclairés qui
n'eussent point abandonné l'Arachide. Les
regrets que manifestait l'auteur de cette lettre
ne pouvaient être exprimés plus vivement.
« Plaidez, me disait-il, en la terminant,
plaidez la meilleure des causes. »

Il n'est pas moins important de choisir,
pour les semis de l'Arachide, des champs
exposés au levant ou au midi, et tenus à l'abri
du vent du nord par une forêt ou une colline.
La terre doit être bien préparée par des la-
bours, et même, s'il est nécessaire, avec la
houe, afin de la rendre aussi meuble et divisée
qu'il est possible. La récolte sera plus abon-
dante si le terrain a reçu quelqu'amendement;
mais les engrais animaux doivent être rejetés
parce qu'ils hâtent trop la végétation de la
plante, et qu'ils facilitent la propagation
d'une multitude d'insectes auxquels ils ser-
vent de retraite et qui dévorent les fruits.

Les feuilles d'arbres, consommées en tas, ou du terreau recueilli dans les bois, sont les moyens de fertilisation qu'il faut employer de préférence.

Le semis se fait de deux manières également bonnes, dont le choix dépend des circonstances où se trouve le cultivateur: 1°. L'on trace profondément dans le champ de longs sillons semblables à ceux que l'on dispose pour la semaille du blé, mais plus éloignés l'un de l'autre. On met au fond de ces sillons, et à la distance d'environ un pied, une graine d'Arachide; pour que la plante fructifie beaucoup, la graine doit être enfoncée de huit à neuf pouces, selon la remarque de M. *Bodard de la Jacopierre* (1); on la recouvre de terre aussitôt.

2°. On sème aussi l'Arachide comme les haricots, c'est-à-dire dans des trous faits au hoyau, et dans lesquels on met, à la même distance et à la même profondeur que

____

(1) Dissertation sur les plantes hypocarpogées, etc., lue à l'Académie d'Agriculture de Florence, le 1er Août 1798. Ce savant médecin appelle la plante *Arachine*.

pour les sillons, une graine que l'on recouvre également de terre.

Quelle que soit la méthode de semis que l'on adopte, on ne doit la pratiquer que lorsque la terre suffisamment échauffée et la saison assez avancée ne laissent plus d'inquiétudes sur les gelées tardives du printems; elles feraient périr les jeunes plantes qui sont extrêmement susceptibles d'en être attaquées : vieilles, elles résistent au froid et elles sont rarement endommagées par les gelées d'automne. L'époque des semis dépend donc et des climats et des situations; c'est à l'intelligence du cultivateur à la déterminer; et, suivant les circonstances, elle peut varier de la mi-mars à la mi-juin. On l'a retardée en Piémont, jusqu'en juillet, et le semis a eu un plein succès. Quelques auteurs recommandent, lorsque l'on sème tard l'Arachide, de faire tremper les semences pendant vingt-quatre heures avant que de les confier à la terre, dans de l'eau de fumier. Les Chinois ne manquent pas, dit-on, d'user de cette précaution ; mais je dois avertir qu'elle a un grand inconvénient, celui d'amollir une graine dont la consistance est peu ferme de sa nature, et de l'exposer à pourrir en terre, si des pluies surviennent après la semaille.

Les mêmes circonstances qui règlent l'époque du semis, hâtent ou retardent la germination de la graine et la croissance de la plante; elle ne met ordinairement que vingt jours à se montrer, et au bout de deux mois, elle commence à fleurir. C'est alors qu'il faut donner un binage pour purger le terrain des mauvaises herbes. On répète cette opération une ou plusieurs fois, et à chacune l'on ne manque pas de butter les plantes, c'est-à-dire d'amasser et d'élever la terre autour de la tige : de sorte que, si l'on a semé en sillons, la partie du sillon qui était la plus haute devient la plus basse. Si l'on négligeait de butter les plantes, les pédoncules fructifères qui partent des aisselles des rameaux supérieurs, à mesure que la plante s'élève, s'alongeraient outre mesure avant de parvenir à atteindre le sol, et ils acquerraient une certaine roideur qui empêcherait l'affluence des sucs propres à favoriser le développement des fruits dans la terre. Ils produiraient à peine un embryon sans substance , et ils finiraient par avorter complétement (1).

Dans les pays où l'Arachide est une production naturelle , et vraisemblablement aussi dans ceux où la chaleur de l'atmosphère est à peu près continue , l'Arachide , quoiqu'annuelle , se reproduit d'elle-même par les fruits et même par quelques filamens de racines qui restent en terre après que la plante a été arrachée au moment de la récolte.

La gousse qui contient les amandes n'étant pas dure , et celles-ci ayant un goût qui plaît aux insectes et aux petits quadrupèdes , fléaux des campagnes , les premières sont aisément entamées , et les secondes rongées par ces animaux destructeurs ; les mulots, les taupes , les campagnols , en sont très-friands. On éloignera tous ces ennemis des moissons en évitant de fumer les terres destinées à

____

(1) Tenore , *Memorie sull'Arachide Americana.*

l'Arachide, avec des engrais de basse-cour, et en travaillant souvent la terre.

Une teinte jaune répandue sur la tige et les rameaux de l'Arachide, annonce le moment de la récolte. Dans les pays chauds, elle se fait vers la fin du mois d'Octobre ; mais, dans nos climats, il est bon de la retarder autant que l'on peut, c'est-à-dire jusque dans le cours de Novembre, afin de donner aux fruits le tems de prendre tout leur accroissement. Pour les recueillir, on creuse légérement le terrain avec la bèche ou la houe autour de la plante, que l'on enlève ensuite avec toutes ses gousses qui y demeurent attachées. On secoue la terre dont elles sont entourées, et l'on fait avec les plantes des paquets que l'on fait sécher suspendus à des bois dans des lieux aérés, couverts et à l'abri de l'humidité, ou sous la partie du toît qui avance en dehors, comme cela se pratique pour les épis de maïs, en Lorraine et en d'autres pays. En Espagne, au rapport de M. *de Lasteyrie*, on conserve les fruits d'Arachide en les suspendant aux murailles, ou bien on sépare les gousses de la tige et on les entasse sur des planches jusqu'au moment où on veut les employer pour la semaille ou pour la fabrication de l'huile (1). Lorsqu'en secouant les gousses, on entend remuer les amandes, c'est le moment de détacher toutes ces gousses de la plante et de les étendre sur le plancher d'un grenier bien sec et dans lequel l'air puisse circuler. On ne saurait prendre trop de précautions pour les préserver des ravages des rats et des souris qui les recherchent avidement. Pour tirer les amandes des gousses, il suffit de presser ces dernières en long sur leurs bords opposés, les amandes en sortent toutes et avec beaucoup de facilité. Au reste, elles se conservent très-bien et autant que l'on veut dans leurs gousses, et il vaut toujours mieux ne les en dépouiller qu'au moment où l'on doit en faire usage.

Si la récolte est considérable, il est bien plus expéditif, pour séparer les fruits, de battre les gousses sur une aire avec des gaules ou de légers fléaux. En Espagne, on les fait

_____

(1) Cours complet d'Agriculture, de *Rozier*, tom. XI, pag. 159.

passer entre deux cylindres cannelés, dont je donnerai plus loin le mécanisme.

Le rapport de la culture de l'Arachide est considérable ; on a éprouvé en France qu'il se portait quelquefois jusqu'à cinquante et quatre-vingts pour cent : mais fût-il au-dessous de cette évaluation, on ne peut douter, par les succès dont cette culture a été suivie depuis son introduction en France, et par de plus anciens qui la rendent recommandable dans les pays étrangers, qu'elle ne soit l'une des plus avantageuses.

Suivant la qualité des terrains, il faut de quatre à dix plantes pour donner une livre de graines, et si ces graines sont bien nourries, il en faut à peu près neuf cents pour faire une livre.

Afin de faire juger avec plus de précision du rapport de l'Arachide, je vais rapporter les expériences que M. le docteur *Tenore* a faites à Naples : « Dans un petit terrain de cinq cents » palmes carrées, j'ai semé, dit ce savant, » trois cents graines d'Arachide, environ trois » onces, vers la fin d'Octobre, j'ai récolté les » fruits, et après les avoir fait sécher, j'ai

» obtenu à peu près dix livres de semences
» desquelles j'ai exprimé cinq livres d'huile.
» Or, si l'on suppose une pièce de terre de
» quarante mille huit cents palmes carrées,
» elle produirait huit cent-quinze livres de
» graines qui donneraient quatre cent - sept
» livres d'huile, et en calculant le revenu
» annuel de cette pièce de terre à vingt du-
» cats, le prix de l'huile de l'Arachide ne sera
» pas au-dessus de cinq grains la livre.

  » On doit en outre faire entrer dans cette
» évaluation du produit de la pièce de terre,
» que l'Arachide ne l'occupe que pendant
» six mois de l'année, que ce terrain peut
» être destiné à la culture des légumes, et
» que rien n'empêche qu'il ne soit planté
» d'arbres. D'un autre côté, l'on peut con-
» sacrer à la culture de l'Arachide, des terres
» sablonneuses qui n'admettraient point de
» plantations d'oliviers. Si on l'introduit dans
» les vastes terrains couverts d'arbres (1),

___

(1) M. *Tenore* n'est pas d'accord en ceci avec D. *F. Tabarès de Ulloa*, qui, dans un ouvrage espagnol sur l'Arachide, imprimé à Valence en 1800, assure que cette plante craint l'ombrage des arbres.

» qui souvent restent inutiles, ou même dans
» ceux que la routine avait réduits à un autre
» genre de culture; il sera donc toujours
» très-avantageux de multiplier et de pro-
» pager celle d'une plante qui produit de
» l'huile en aussi grande quantité et à un prix
» aussi bas. »

Quoique la culture de l'Arachide, dont
je viens de donner les détails, ne soit ni
compliquée ni embarrassante, les précautions et les soins qu'elle exige en Europe,
montrent qu'elle y est étrangère et nouvelle-
ment introduite; à mesure qu'elle s'y pro-
pagera et que la naturalisation de la plante
s'opèrera, ces précautions et ces soins de-
viendront moins nécessaires à sa végétation,
et elle perdra successivement cette délicatesse de constitution qui commande les mé-
nagemens, et qui, dans les plantes, est toujours le signe d'une origine lointaine et d'une
admission récente. Rien n'est plus simple
que la culture de l'Arachide chez les nègres
de l'Afrique et de l'Amérique : ils se con-
tentent de donner au printems quelques coups
de pioche sur un terrain sablonneux et d'y

creuser des trous dans lesquels ils jettent les
graines. Ils voient bientôt les plantes lever
et croître ; ils ne se donnent pas même la
peine de les butter ; trois ou quatre mois
suffisent à leur entier développement, et la
récolte des fruits se fait en été.

§. V.

Les plantes alimentaires deviennent utiles lorsqu'elles cessent de vivre. — Feuilles de l'Arachide en fourrage. — Ses fruits crus ou cuits. — Leurs différentes préparations. — Leurs vertus médicinales. — Employés à remplacer le café, à faire du pain, du chocolat. — Culture des plantes oléifères. — Huile d'Arachide. — Ses propriétés. — Conclusion.

Dans les végétaux, comme dans les animaux, la décoloration est le signal de la décrépitude et de l'approche de la mort. Les chairs des animaux perdent leur teinte brillante, agréable mélange de blanc et de rose ; une pâleur livide la remplace, triste avant-coureur d'une dissolution complète. Vers la fin de leur existence, le vert de toute nuance, qui forme la carnation des végétaux, s'efface aussi, et le jaune qui se répand sur toutes leurs parties, annonce qu'ils vont cesser de vivre. C'est l'instant où la plupart des plantes alimentaires deviennent le plus utiles à l'économie; elles nourrissent lorsqu'elles perdent elles-mêmes toute nourriture, et leur mort est une source de vie pour les hommes et les animaux.

Toute la plante de l'Arachide participant de la propriété commune à la famille à laquelle elle appartient, est très-mucilagineuse; aussi sa fane ou ses feuilles sont-elles une excellente nourriture pour les bestiaux; ils la mangent avec plaisir et ils la préfèrent à tout autre fourrage (1). Cependant il n'y aurait point de bénéfice à la cultiver pour cette destination, et elle serait loin de pouvoir soutenir, sur ce point, la comparaison avec les plantes fourrageuses qui font la richesse de nos prairies naturelles et artificielles. Cette propriété de fournir quelque nourriture au bétail, propriété que l'Arachide conserve même après la dessiccation de ses feuilles et de ses gousses, n'est pas d'une grande importance et n'aurait point de mérite aux yeux des cultivateurs, mais

____

(1) C'est ce que m'atteste, dans sa lettre, le Cultivateur du département des Landes, dont j'ai parlé dans le paragraphe précédent.

d'autres qualités vraiment précieuses se réu-
nissent dans l'Arachide à l'époque de la par-
faite maturité de ses fruits, ou, en d'autres
termes, au moment où elle termine son
existence; et c'est dans ces mêmes fruits
qu'elles résident.

Leur saveur n'est pas aussi agréable que
celle des amandes, des noisettes et des pistaches auxquelles on les a comparés; il faut
même quelqu'habitude pour les trouver bons,
parce qu'un peu d'âcreté, une sorte de goût
sauvage qui approche de celui du pois-chiche
encore vert, se mêle au goût d'amande;
mais la cuisson leur fait perdre ce qu'ils ont
d'âcre, et c'est alors seulement qu'ils appro-
chent des pistaches (2). Frais, on les mange

---

(2) La fève de l'Arachide est, selon M. *Bodard de la Jacopierre* (Mémoire cité), plus agréable et plus délicate que les
amandes, les pistaches et les pignons. Ce n'est pas l'impression
qu'elle a faite sur mon palais et sur celui de beaucoup d'autres.
« Il y a apparence, dit le P. *Labat*, qui a fait un long séjour dans
» les Antilles, que mon confrère le P. *Du Tertre*, n'avait jamais
» vu de véritables pistaches, et n'en avait jamais mangé, lorsqu'il
» a écrit que celles des îles avaient le même goût que celles d'Eu-
» rope. » (*Nouv. Voyage aux îles de l'Amérique*, tome IV,
page 58.) Mais, comme je viens de le dire, c'est une affaire
d'habitude.

avec plus de plaisir que quand ils sont **vieux**; on peut, au reste, les conserver plusieurs années sans qu'ils rancissent ou pourrissent. Ils sont pour les nègres, comme je l'ai déjà observé au commencement de cet Ouvrage, un mets de délice, une vraie friandise, soit crus, soit grillés, soit enfin cuits dans l'eau ou sous les cendres. La mince provision qu'il leur est permis d'en faire dans les colonies européennes est bientôt épuisée, et l'espérance de la renouveler par une récolte prochaine, leur en fait supporter moins impatiemment la privation.

Les colons moins simples dans leurs goûts, après avoir fait griller légérement les amandes d'Arachide, les convertissent en **dragées**, en pralines, en massepains et en d'autres sucreries, les mêlent dans leurs ragoûts en guise de marrons et en parfument leurs liqueurs : pilées dans un mortier de bois ou de marbre, ils en font une émulsion qui ne le cède ni à celle d'amandes, ni à celle de noix d'acajou, ni à aucune autre. Les naturels de la Nouvelle-Espagne en font leur principal aliment. Les bestiaux, les cochons et les volatilles les aiment beaucoup, et cette nourriture les engraisse. La racine de cette plante, peut, selon M. *Fremont* (3), suppléer à la racine de réglisse.

On a parlé diversement des effets que l'usage des fruits de l'Arachide pouvait avoir sur l'économie animale : les uns ont assuré qu'ils donnent du ton aux estomacs faibles ; d'autres, qu'ils leur sont nuisibles. Ceux-ci avancent que ces fruits occasionnent des maux de tête à ceux qui en mangent beaucoup (4); ceux-là, que c'est une nourriture mal-saine (5). Quelques-uns veulent que le lait ou émulsion faite avec l'Arachide légérement torréfiée, soit un bon remède dans l'étisie et la pleurésie (6) ; quelques autres, que, relâchant les fibres, elle procure du soulagement dans les coliques-sèches, dans

---

(3) Mémoire sur l'Arachide, avec la découverte de sa véritable fructification.

(4) Du Tertre, *Histoire des Antilles*. Il ajoute que l'on en fait, aux Antilles, des cataplasmes qui guérissent la morsure des serpens. Mais *Labat* contredit formellement ces deux assertions de son confrère.

(5) Chappe, *Voyage en Californie.*

(6) Pison, *De re naturali utriusque Indiæ.*

les difficultés d'uriner, dans les accouche-
mens laborieux et dans les tranchées des en-
fans (7) ; enfin on a prétendu que c'est un
puissant aphrodisiaque. Il en est de cette
plante comme de tant d'autres dont les
vertus médicinales ont été assez légérement
présentées sans un examen bien attentif, et
sur-tout sans que l'expérience les ait confir-
mées. Aussi n'est-il pas rare de remarquer
des contradictions dans ces tableaux hazardés
des propriétés des plantes. Ce que celui-ci
offre de réel, et que sans être médecin cha-
cun peut éprouver, c'est que, mangées crues,
les amandes d'Arachide sont très-nutritives
parce qu'elles abondent en fécule mucilagi-
neuse et huileuse, mais que cette même
abondance de mucilage et d'huile les rend
de difficile digestion et d'un usage pernicieux,
qu'enfin pour les dépouiller de leurs mauvaises qualités, il faut les rissoler comme
on a coutume de faire pour les amandes,
les pois-chiches, etc. Dans cet état elles acquièrent une saveur bien plus agréable et

______

(7) Villemet, *Phytographie encyclopédique.*

fatiguent moins l'estomac ; dans l'un et l'autre état, elles échauffent un peu. Au reste, pour un homme doué d'un bon tempérament, ces considérations sur les qualités des alimens sont tout au moins futiles ; elles me rappellent ce qu'écrivait à ce sujet le chevalier *de Jaucourt* que le célèbre *Boërhaave* voulait placer auprès du Stathouder, avec la double qualité de gentilhomme et de médecin. « Pour qui- « conque a une bonne constitution, la meil- » leure règle d'hygiène est de n'en point » suivre. » C'est l'aphorisme médical : *omnia sana sanis ;* mais revenons aux qualités plus réelles de l'Arachide.

Des crêmes, des émulsions, de l'orgeat, des ratafias peuvent se préparer avec les fruits de l'Arachide de même qu'avec les amandes. On en fait de fort bonnes purées ; on les accommode à l'huile ou au beurre, comme les légumes ; on les compte aussi au nombre des ingrédiens que l'on a proposés, sur-tout dans ces derniers tems, pour substituer au café, si difficile à remplacer, ou du moins pour en diminuer la consommation par leur mélange. Si on les emploie à ce dernier usage, il est bon d'être prévenu que ces fruits grillés comme les fèves du café, conservent encore trop de parties huileuses pour pouvoir être réduits en poudre dans un moulin, et qu'il faut les piler dans un mortier. L'on sait, au reste, que c'est de cette manière que les Orientaux pulvérisent la fève de l'yémen.

En Espagne, on a tenté de faire du pain avec la farine d'Arachide et particuliérement avec celle du marc qui reste après l'extraction de l'huile ; mais ce pain conserve toujours la saveur oléagineuse du fruit, que l'on n'est pas accoutumé de rencontrer dans cet aliment. Il devient meilleur si on mêle par parties égales la farine de blé et celle d'Arachide, ou même seulement un tiers de la première, et si on fait torréfier la seconde sur un feu doux, pendant un quart-d'heure, ce qui lui fait perdre la saveur de poischiche, qui lui est propre. On prétend que ce pain se conserve beaucoup plus long-tems que celui de farine de froment pur ; d'où l'on juge que celle d'Arachide entrerait avec avantage dans la fabrication du biscuit de mer. Ce n'est pas dans un pays tel que le nôtre, où l'abondance des grains fait la richesse constante et inappréciable du sol, que de pareilles ressources, commandées par la disette, peuvent être de quelque avantage dans les usages de l'économie domestique; mais ne fussent-elles qu'un secours du moment, dans des lieux où la pénurie des grains se ferait sentir, il n'est pas inutile de les indiquer.

Les Espagnols, grands preneurs de chocolat, le préparent avec des fruits d'Arachide, au lieu de cacao. Les uns les mêlent à un tiers de cacao ordinaire; d'autres les emploient séchés. De quelque manière qu'on en fasse usage, pour la confection du chocolat, ces amandes présentent une économie qui n'est point à dédaigner: c'est qu'indépendamment de l'avantage de pouvoir remplacer un fruit étranger à la culture européenne, elles ont moins d'amertume que le cacao et exigent une moindre quantité de sucre pour faire le chocolat. Cette économie est au moins d'un quart de la quantité ordinaire du sucre.

De toutes les substances que l'on a essayé

de substituer au cacao , dans la fabrication du chocolat , l'Arachide est celle qui réussit le mieux. En Amérique , où cette fabrication a pris naissance , elle a obtenu un entier succès ; on s'est empressé de l'adopter en Espagne. M. *de Lasteyrie* a rapporté de ce royaume, du chocolat fait avec un tiers d'Arachide et deux tiers de cacao. Cet agronome , aussi zélé et savant que modeste , en a fait goûter à plusieurs personnes qui l'ont trouvé de bonne qualité et n'ont point remarqué de différence sensible en le comparant au chocolat ordinaire (8). M. *Tenore* a fait , à Naples , les mêmes expériences , et avec le même succès : il a observé qu'à cause de la douceur naturelle à l'Arachide , elle donne le moyen de se servir du cacao sauvage aussi bien que du cacao cultivé ou de Carraque (9) ; et cette propriété qui , au premier coup-d'œil , pouvait n'intéresser que l'économie domestique , peut avoir une influence favorable sur l'économie publique. En effet , des

____

(8) *Cours complet d'Agriculture* , de l'abbé *Rozier*, tom. XI, page 160.

(9) *Memorie sull' Arachide Americana.*

forêts entières de cacaoyers couvrent naturellement de vastes terrains au midi de la
Guiane française. Les fruits dont ces arbres
sont chargés, sont perdus pour le commerce
qui les rebute à cause de leur saveur plus âcre
que celle du cacao cultivé. L'Arachide, qui
corrige cette âcreté, les ferait rechercher et
leur attirerait même la préférence, puisque,
n'exigeant aucun soin, aucune culture, ils
seraient nécessairement d'un très-bas prix.
Les cacaoyères ou les terrains plantés en cacaoyers cultivés diminueraient d'étendue et
céderaient la place à des cultures plus profi-
tables. C'est ainsi qu'une cause légère en
apparence produit souvent des résultats d'un
intérêt général, et ouvre des sources de prospérité publique. Le chocolat d'Arachide n'a
point échappé aux expériences de Mme *Ga-
con-Dufour*, dont le nom s'attache à toutes
les opérations utiles de l'économie des champs
et des ménages ; voici ce qu'elle m'é-
crivit en 1803 : « J'ai substitué en partie
» les fruits de l'Arachide ou les pistaches de
» terre au cacao de Carraque. De quarante-
» deux graines de cette plante, semées en

» Juin dernier, j'ai recueilli deux livres et
» demie de fruits ; je les ai mêlés par tiers
» avec de bon cacao de Carraque qui m'a
» coûté quatre francs la livre, et j'ai obtenu
» du très-bon chocolat, que je préfère à
» celui dans lequel on ne fait entrer que du
» carraque pur. Il est extrêmement agréable
» quand l'on y ajoute, dans une chocolatière
» de trois tasses, le quart d'une cuiller à café
» de sucre vanillé. J'en ai fait goûter à plu-
» sieurs personnes qui en ont été extrême-
» ment satisfaites. » Il est donc bien constant qu'avec l'Arachide, on peut se passer de
cacao dans la fabrication du chocolat, ou du
moins qu'elle en diminue la consommation ;
que son emploi ménage celui du sucre ;
qu'enfin elle rend au commerce une quantité
de productions naturelles de la plus importante de nos colonies, celle de la Guiane (10),

(10) Cette vaste étendue de terres, dans l'Amérique méridionale,
si riche en productions naturelles, si fertile dans tous les genres
de cultures coloniales, dont les produits ont une qualité supérieure,
a toujours été négligée et méritait peu de l'être. Toutes les denrées
que les colonies espagnoles et portugaises qui l'avoisinent sont
en possession de nous fournir, s'y trouvent en abondance ; et dès
qu'on le voudra, elle les égalera en richesses commerciales. Je

qui n'étaient presque d'aucune valeur, et qui entreraient dans la circulation avec un égal avantage pour les vendeurs et les consommateurs. Ces propriétés de l'Arachide suffiraient sans doute pour rendre sa culture recommandable, si d'ailleurs elle n'en possédait une d'une plus grande importance, celle de fournir une huile d'excellente qualité.

Les plantes oléifères ne sont pas assez répandues en France; elles n'y sont pas non plus assez diversifiées. La consommation de l'huile est si prodigieuse, que les cultures des plantes qui la fournissent ne peuvent y suffire. On sait, par exemple, que les savonneries de l'ancienne Provence, ne s'alimentaient que par les huiles tirées du Levant. D'un autre côté, la variété dans ces cultures contribue à en assurer les produits. En effet, si par quelqu'accident, ou par un état trop constant de la température, l'une de ces cultures vient à manquer, il est rare

prépare depuis long-tems un grand ouvrage sur ce pays, qui n'a point cessé de m'être cher par l'intime connaissance de son importance, acquise dans les voyages que j'y ai faits, et par les services que j'ai été assez heureux d'y rendre.

qu'une autre n'échappe pas au même malheur et ne répare, au moins en partie, la perte de la première. Toutes les fois que le débit d'une denrée est aussi sûr que prompt, il est avantageux de se livrer au genre de culture d'où elle provient; et l'on ne peut trop s'étonner que l'intérêt et le patriotisme des cultivateurs ne les aient pas déterminés à s'adonner avec plus d'étendue à des travaux qui, en leur assurant des bénéfices certains, affranchissent en même tems leur pays du tribut qu'il paye à l'étranger pour ses approvisionnemens d'huile. Ils reconnaîtront aussi de quelle importance il est pour leur patrie et pour eux-mêmes, de multiplier dans leurs exploitations rurales les espèces de plantes oléagineuses, d'y en admettre plusieurs, et sur-tout de ne pas négliger celles qui, comme l'Arachide, donnent abondamment de très-bonne huile.

Cette plante fournit, pour l'ordinaire, en huile, la moitié du poids de ses fruits que l'on soumet à la pression; le produit excède même quelquefois cette proportion. L'huile d'Arachide a la consistance et le poids de l'huile d'amandes; elle est limpide, blan-châtre, sans odeur, moins grasse que l'huile d'olive la plus fine, et elle a une légère saveur qui lui est propre et n'a rien de désagréable; elle est en outre fort saine. On s'en sert de même que de celle d'olive pour l'assaison-nement des mets et pour les salades. Une réunion des membres de la Société d'agri-culture de Paris, dont le but était de con-naître la qualité de l'huile d'Arachide pour la préparation des alimens, la jugea, au rap-port de M. *de Cossigny* qui faisait partie de cette réunion, aussi bonne que la meilleure huile d'Aix. On assure qu'elle ne rancit jamais, et qu'elle s'améliore en vieillissant. Elle est donc la seule qui puisse remplacer dans nos cuisines et sur nos tables l'huile d'olive dont la fabrication est bornée à nos départemens méridionaux, où les oliviers n'éprouvent que trop souvent des fléaux qui en détruisent les récoltes, et l'huile de noix que la gelée fait souvent manquer, et qui n'est pas du goût de tout le monde. Je ne compte pas en effet au nombre des huiles recherchées pour la préparation des alimens, celles de colza, de rabette, de pavot ou d'œillette, etc.; lesquelles, quoique très-propres à divers usages domestiques, n'ont ni la délicatesse ni la saveur des huiles d'olive et d'Arachide, et qui n'osent se montrer sur la table des riches. L'huile d'Arachide l'emporte même sur l'huile d'olive pour le service des lampes; elle donne une flamme plus claire et plus durable, et elle charbonne moins; elle est aussi bonne que toutes les autres dans les préparations de la peinture. On peut encore la substituer dans les pharmacies, à l'huile d'amandes toujours chère et rarement bonne. D'ailleurs, la récolte des amandes est fort incertaine, parce que les fleurs qui les produisent paraissant des premières, sont exposées à périr par les gelées et les brouillards du printems.

Des expériences comparatives ont été faites dans le département des Basses-Pyrénées par M. *Pailhasson*. Comparaison faite de l'huile d'Arachide avec celles de noix, de lin et d'olive, à une température de huit degrés au-dessus de zéro, cet habile pharmacien a observé, en répétant trois fois la même expérience,

qu'une once d'huile d'Arachide, avec une
mèche de moëlle de jonc d'une ligne et demie de diamètre a brûlé pendant neuf heures
vingt-six minutes; celle de noix, cinquante
minutes de moins; celle de lin quelques
minutes de moins que celle de noix, et celle
d'olive, une heure vingt-six minutes de
moins que celle d'Arachide, dont, au sur-
plus, la lumière avait plus d'intensité que les
autres, et produisait moins de fumée.

Il suit de ces expériences, que les durées
respectives des quatre espèces d'huiles d'Arachide, de noix, de lin et d'olive, employées
à éclairer au même degré de température et
avec la même mèche, sont à peu près comme
les nombres 48 : 43 : 41 : 40; et que, de plus,
l'huile d'Arachide a l'avantage de donner
une lumière plus vive et moins de fumée (11).

Depuis long-tems, on exprime l'huile
d'Arachide dans plusieurs parties de l'Amérique. *Hans Sloane* en fait mention dans son

---

(11) Extrait d'une lettre de M. *Estarau*, secrétaire perpétuel
du Conseil d'Agriculture des Basses-Pyrénées, au Rédacteur du
Journal du même département. *Voyez* ce Journal, 30 Ventose
an XI, N° 37.

Histoire de la Jamaïque, et il la compare, pour sa bonté, à l'huile d'amandes. En 1770, M. *Brownvigg*, d'Edenton, pays situé au nord de la Caroline, envoya à la Société royale de Londres, de l'huile d'Arachide : elle avait souffert, pendant le trajet, les chaleurs de l'été sans qu'on en eût pris aucun soin, et elle s'est trouvée parfaitement douce et bonne. On l'exprime en broyant les graines et en les pressant ensuite dans des sacs de grosse toile, comme cela se pratique pour l'huile de lin ou d'amandes ; elle est beaucoup meilleure quand on la fait à froid. Les jumelles chaudes de la presse augmentent la quantité d'huile, mais en affaiblissent la qualité. M. *Brownvigg* ajoute que dix gallons de fruits d'Arachide donnent un gallon d'huile (12) ; au feu, le produit en est beaucoup plus fort. Le prix du boisseau de ces fruits, à la Caroline, est d'environ huit pences (13), et l'extraction n'exige pas beaucoup de dépenses. L'huile d'Arachide, toujours selon M. *Brownvigg*, ne coûterait pas, rendue en

---

(12) Le gallon 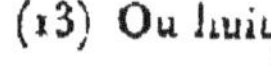 contient environ quatre pintes de Paris.
(13) Ou huit sols.

Pl. 2

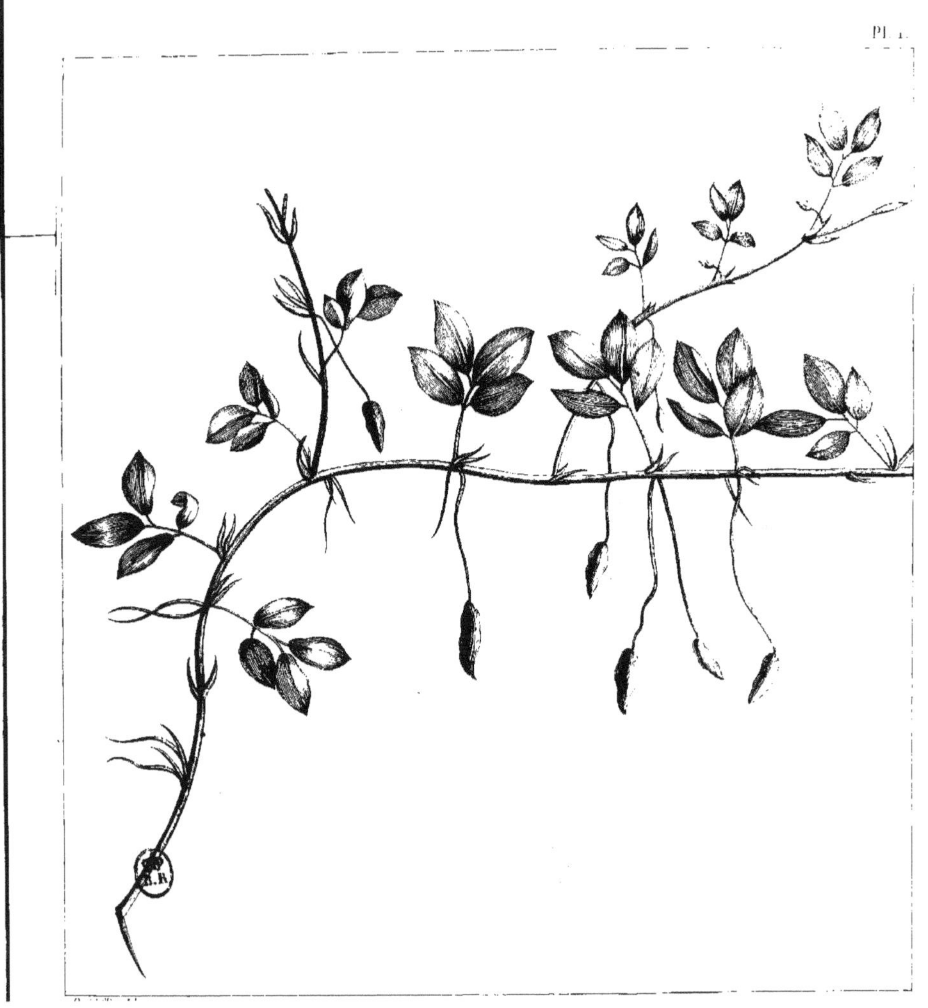

Pl. 1.

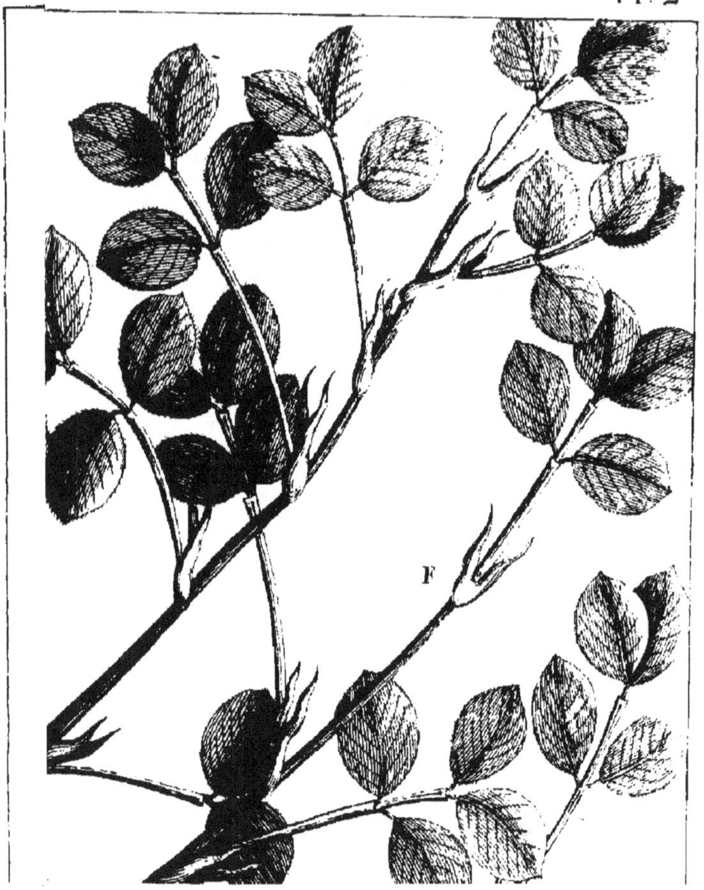
F

Pl. 2
Sonini filius del.

Angleterre, le quart de ce qu'y coûte la meilleure huile d'olive de Florence ; et il remarque, en terminant sa lettre à la Société, que tandis que les colonies pourraient en faire une branche importante de commerce et se passer d'huile d'olive, la Nouvelle-Angleterre seule consomme 20,000 gallons de cette dernière espèce d'huile. En rapportant ces observations d'un Anglais, j'ai eu principalement pour but de montrer les avantages que la France retirera de l'huile de l'Arachide, puisqu'elle peut la récolter sur son propre sol, au lieu que la plante ne se naturalisera que difficilement et à la longue sur le sol de l'Angleterre.

Une lettre de M. *Samuel Bowen*, écrite le 14 Mars 1772, au lord *Kommey*, président de la société établie à Londres, pour l'encouragement des arts, des manufactures et du commerce, et insérée dans les papiers anglais, parle à-peu près dans les mêmes termes que M. *Brownvigg* de la bonne qualité de l'huile d'Arachide, qu'il a vue dans la province américaine de Géorgie, où, dit-il, cette plante, qu'il appelle *noix de terre*,

6

est naturelle. Le même voyageur a observé que les habitans de toutes les provinces de la Chine, par lesquelles il a passé, de même que ceux de la Cochinchine, du Tonquin, de Siam et des autres pays en remontant la rivière de Gamboge, font usage de cette huile, tant pour manger que pour brûler; ils l'emploient aussi dans une composition pour les vaisseaux.

Au Pérou, pays où l'on se sert de l'huile d'Arachide, on ne l'exprime qu'après avoir fait légérement griller les graines, afin de les débarrasser du principe mucilagineux qu'elles contiennent, et de mettre plus à nu leur suc huileux; mais cette préparation doit faire contracter à l'huile une saveur particulière, et en diminuer la quantité.

M. *de Lasteyrie* a observé chez M. *Tabares de Villoa*, chanoine à Valence en Espagne, une machine imaginée pour séparer le fruit de la gousse qui l'enveloppe avant que d'en extraire l'huile. Elle est composée de deux cylindres cannelés, soutenus verticalement l'un sur l'autre, et contenus dans une caisse surmontée d'une trémie. Les cylindres, qui ont 4 décimètres 6 centimètres (17 pouces) de long , et 15 centimètres (6 pouces) de diamètre , se meuvent ensemble par le moyen de deux roues d'engrenage placées à leurs extrémités. On a adapté au-dessous de chaque cylindre une cloison ou section longitudinale de tambour, formée de planches qui sont taillées en rainures dans la partie placée immédiatement au-dessous des cylindres. Ces cloisons sont fixées aux deux parois opposées de la caisse dans leur partie supérieure , tandis que la partie inférieure passe au-dessous des cylindres un peu au-delà de leurs diamètres. Les gousses de l'Arachide tombent sur la cloison supérieure ; elles vont aboutir au-dessous du cylindre , où elles sont brisées entre ses cannelures et celles de la cloison ; elles se rendent ensuite sur la cloison inférieure, où elles subissent un second froissement par l'effet du cylindre inférieur.

Cette machine écrase les gousses de l'Arachide de manière à en dégager l'amande. On sépare les fragmens de gousses des amandes en les soumettant au vannage, ainsi qu'on a coutume de le faire pour le cacao. Lorsqu'on a cassé et vanné les fruits, on les fait passer sous une meule afin d'en extraire l'huile, ainsi que cela se pratique pour les olives ou pour les graines oléagineuses.

Après avoir trituré les semences sous la meule et les avoir mises dans des sacs, on les soumet à l'action du pressoir. Si elles ont été parfaitement écrasées, une seule pression suffira pour extraire toute l'huile qu'elles contiennent; mais il faudra, dans le cas contraire, les faire passer une seconde fois sous la meule, et puis sur le pressoir. On doit choisir un tems chaud pour faire l'extraction de l'huile; car elle coule difficilement quand il fait froid; et il n'est pas possible alors d'extraire toute celle que contient le fruit (14).

Le marc qui reste après l'extraction de l'huile n'est point inutile; c'est une substance amylacée qui, mêlée avec la farine de froment, donne du pain de bonne qualité. C'est encore une excellente nourriture pour les cochons.

____

(14) De Lasteyrie, *Cours complet d'Agriculture*, de l'abbé *Rozier*, tome XI, pag. 160 et 161.

. Mêlée à la lessive des savonniers, l'huile d'Arachide donne un savon très-blanc, très-sec et inodore. M. *Pailhasson*, que j'ai déjà cité, est persuadé qu'il est impossible de faire d'aussi beau savon au même prix, en employant tout autre ingrédient, et il assure qu'il ne se trouve point dans le commerce de savon qui puisse être comparé à celui qu'il a fait avec l'huile d'Arachide (15).

L'importance et l'utilité des produits de l'Arachide sont des encouragemens assez puissans aux yeux de quiconque est animé de l'amour du bien public et de son propre intérêt, pour engager à cultiver une plante qui réunit des avantages aussi précieux. Objet de grande culture, d'industrie, de spéculation et d'utilité générale chez les Espagnols nos voisins, elle peut avoir parmi nous des résultats également heureux. On doit regarder l'introduction de cette culture sur notre sol comme un véritable bienfait, comme une nouvelle source de prospérité pour l'agriculture, le commerce et les arts. Les succès des

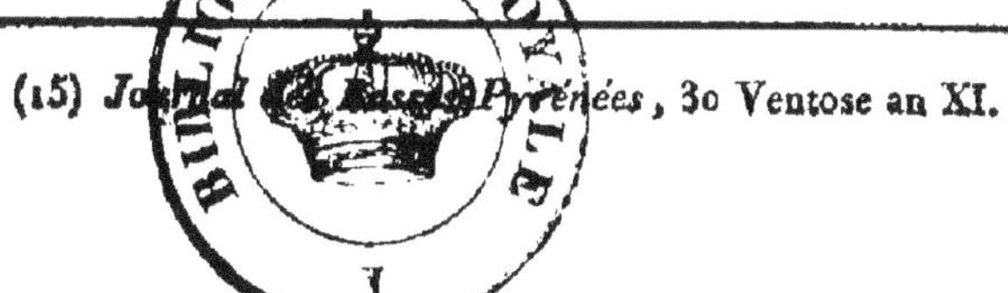

(15) *Journal des Basses-Pyrénées*, 30 Ventose an XI.

premières tentatives ne laissent point de doute sur une réussite complète ; si on ne néglige pas les moyens de la rendre certaine, et si l'on apporte dans leur exécution l'activité et en même tems la persévérance qui seules peuvent vaincre les obstacles, écarter les difficultés, et fixer sur notre territoire une des plus brillantes conquêtes de l'agriculture. Elle n'exige pas, comme on l'a vu, un sol fertile, et les terres qu'on doit lui consacrer donneraient difficilement des produits un peu considérables. Ceux que l'on retire de la culture de l'Arachide se prêtent à une infinité d'usages d'une utilité journalière. L'huile que fournit cette plante, et de tous ses produits c'est le plus précieux, diminuera le prix et la consommation des autres espèces d'huiles, et particulièrement de celle d'olive ; elle sera elle-même d'un prix modique ; elle alimentera les fabriques, et elle contribuera peut-être à de nouveaux établissemens des manufactures et des arts.

C'est principalement dans ceux de nos départemens méridionaux où la chaleur n'est pas assez forte pour permettre d'y planter

les oliviers, que la culture de l'Arachide prospérera avec le plus d'avantages. C'est de là
qu'elle se propagerait par gradations dans les
contrées voisines. En effet, l'on manquera
toujours son but, si pour répandre cette
culture, on tirait les semences de l'Espagne
ou de tout autre climat chaud. On doit les
prendre sur les plantes déjà acclimatées.
Avec cette précaution indispensable, on a
l'espérance de voir bientôt l'Arachide naturalisée dans toute la France, et y fournir
de nouvelles richesses à l'économie publique
et particulière. Ce serait peut-être un moyen
de hâter cette époque désirable que de naturaliser aussi le nom de la plante, et de
substituer au nom d'*Arachide*, trop dur et
même un peu barbare, puisqu'il n'est d'aucune langue, l'expression française de *Pistache de terre*, aussi juste dans son application que facile à prononcer.